BEI GRIN MACHT SICH IHR WISSEN BEZAHLT

- Wir veröffentlichen Ihre Hausarbeit,
  Bachelor- und Masterarbeit

- Ihr eigenes eBook und Buch -
  weltweit in allen wichtigen Shops

- Verdienen Sie an jedem Verkauf

Jetzt bei www.GRIN.com hochladen
und kostenlos publizieren

Bibliografische Information der Deutschen Nationalbibliothek:

Die Deutsche Bibliothek verzeichnet diese Publikation in der Deutschen National-
bibliografie; detaillierte bibliografische Daten sind im Internet über http://dnb.d-
nb.de/ abrufbar.

Impressum:

Copyright © 2016 GRIN Verlag, Open Publishing GmbH
Druck und Bindung: Books on Demand GmbH, Norderstedt Germany
ISBN: 9783668360495

Dieses Buch bei GRIN:

http://www.grin.com/de/e-book/342623/boeden-der-geest-entstehung-bodentypen-
und-anthropogene-praegung

Lena Brauch

Böden der Geest. Entstehung, Bodentypen und anthropogene Prägung

GRIN Verlag

Universität Trier

Fachbereich VI – Geographie/Geowissenschaften

Wahlpflichtmodul Böden der Erde, WS 2015

<u>Böden der Geest</u>

Lena Brauch

Fachsemester 3

Inhaltsverzeichnis

1. Einleitung

Die Geest ist eine sandige Region in Norddeutschland. Sie erstreckt sich bis in die Niederlande und Dänemark. Sie schließt sich an das Marschland der Küste an. (vgl. suite 101.de, 2013).

„Es handelt sich dabei um eine eiszeitliche Aufschüttungslandschaft (…)" (geographie.uni-stuttgart.de, 2001)

Größtenteils sind die Böden die Geest nährstoffarm. Der Begriff Geest leitet sich von dem friesischen Wort „güst" ab, das unfruchtbar oder karg bedeutet. (vgl. kuestenexkursion.de, 2016).

Bis zum 20. Jahrhundert war es nicht gern gesehen, wenn jemand eine Person von der Geest ehelicht, da kein gutes Ackerland in die Familie kommt.

Heute ist die Geest interessant für den Tourismus, weil sie Landschaften wie die Lüneburger Heide beinhaltet.

Abb. 1: Naturräumliche Gliederung Norddeutschlands

(https://upload.wikimedia.org/wikipedia/commons/2/2e/Naturraeumliche_Grossregionen_Deutschlands_plus.png By derivative work: Elop (Ausschnitt) (talk) via Wikimedia Commons)

Zur Vorgeest oder niederen Geest zählt die Norddeutsche Seenplatte. Das ostdeutsche Platten und Heideland gehört zur höheren Geest. Die norddeutsche Geest kann man weiter unterteilen in: Dümmer-Geestniederung und Ems-Hunte-Geest Dümmer-Geestniederung,

Ems-Hunte-Geest, Ostfriesisch-Oldenburgische Geest, Weser-Aller-Flachland, Stader Geest, Lüneburger Heide und Schleswig-Holsteinische Geest.

2. Entstehung der Geest

Das Relief der Geest in Niedersachsen wurde in der Saale- Kaltzeit (vor ca. 200 000 Jahren) geprägt. Gletscher bedeckten das einstige Hochmoor und brachten Material unterschiedlicher Korngröße mit.

In der Weichsel-Kaltzeit (vor 115 000 - 10 000 Jahren) reichten die Gletscher bis zur Elbe. Die Altmoränenlandschaft wurde überformt und zur Jungmoränenlandschaft. Südlich herrschte periglaziales Klima. Dort fanden die Prozesse der Solifluktion und Gelisolifluktion statt. Material wurde von Hügeln der ehemaligen Endmoräne abgetragen und weiter unten abgelagert. Die Ablagerungen von 80-10cm werden als Geschiebedecksand bezeichnet und finden sich in Niedersachsen. (vgl. geographie.uni-stuttgart.de, 2016). Die periglazial überprägte Altmoränenlandschaft heißt auch hohe Geest. Die Landschaft ist flachwellig. (vgl. diercke.de,2016).

Durch Gletscherbewegungen wurden die Körner geschoben und geschleift. Es entstand Geschiebemergel, -sand, -lehm, das als Grundmoräne beim Abschmelzen zurückbleibt. Vor der Gletscherzunge türmte sich die **Endmoräne** auf, deren Überreste heute als Erhebungen in der flachen Landschaft erkennbar sind. Vor der Endmoräne entsteht beim Abschmelzen der Gletscher ein **Sander**. (vgl.diercke.de, 2016). Das Schmelzwasser nimmt kleine Partikel wie Tonteilchen mit, Sand wird abgelagert. Dieser Decksand hat eine Dicke von 50-100cm. (Vgl. wallhecken.de). In Ostfriesland liegt unter dem Sand eine Schicht Lehm, von 1m Mächtigkeit, die von Steinen durchsetzt ist. (vgl. ebd).

Das Gebiet, in dem sich unter anderem die Lüneburger Heide befindet, wird als **niedere Geest** bezeichnet. Das Schmelzwasser wird als Urstrom durch Urstromtäler abgeführt. Heutige Flüsse wie die Elbe fließen in ehemaligen Urstromtälern.

Das Grundmaterial der Geest besteht hauptsächlich aus Flugsand und sandigem Geschiebelehm mit geringem Tonanteil und weitgehend entkalkt. (vgl. geographie.uni-stuttgart.de, 2016). Die Ertragsfähigkeit der Böden war nie besonders hoch, dennoch wurden sie jahrhundertelang bewirtschaftet. Das laugte den Boden mehr aus. Die ursprüngliche Vegetation aus Nadelwald, Eiche und Birke wurde gerodet, dies leistet der Heide Vorschub.

Der Einfluss des Menschen hatte stellenweise auch zur Bodenverbesserung beigetragen: der Plaggenesch ist ein guter Ackerboden, Moore sind durch Tiefumbruch ebenfalls fruchtbar.

Abb. 2 Entstehung der Geest

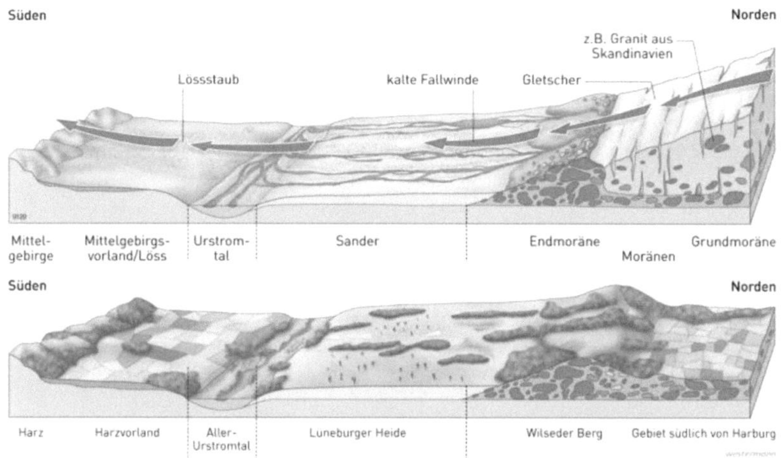

Quelle: diercke

Die obere Abbildung zeigt die Geest in der Saale-Eiszeit. Gletscher türmen Material zur Endmoräne auf. Sand wird äolisch und durch Schmelzwasser als Sander abgelagert. Das Wasser sammelt sich im Urstromtal, wo es abfließt. Kleinste Partikel werden als Lössstaub äolisch transportiert, bis sie auf die Barriere der Mittelgebirge treffen und sich an deren Fuß akkumulieren.

Die untere Abbildung zeigt den heutigen Zustand. Kleine Erhebungen wie der Wilseder Berg sind ehemalige Endmoränen. Auf dem wenig fruchtbaren Sander wächst Heide. Die fruchtbaren Lössgebiete sind die Grenze der Geest.

3. natürliche Bodentypen

3.1 Bodengebiete nach Ertrag

Die Ertragsmesszahl ist ein Maß für die Fruchtbarkeit des Bodens. Sie reicht bis 100. Dieser Wert wird annähernd von Schwarzerden erreicht.

Die Auen von Flüssen wie der Weser, die in einem Urstromtal fließt, erreichen Ertragsmesszahlen von über 50 bis 67. Für die Verhältnisse der Geest ist das relativ fruchtbar. (vgl. IMEYER, G., 1965, S.11). Das nächste Gebiet mit etwas niedrigerem Ertrag ist die lössüberwehte Geest. Die trockene sandige Geest im Norden weist nur einen Wert von 25 bis 35 auf. Grünland überwiegt. (vgl. ebd.). Der geringste Ertrag wird in der Moorgeest erzielt. (vgl. ebd. S.13).

3.2 Bodenbildung

Das sandig- kiesige Ausgangssubstrat wird bei geringer Humusauflage zu einem Lockersyrosem. Syroseme sind Rohböden und bestehen aus 2 Horizonten: Ai und C, der B-Horizont fehlt. Der Buchstabe i steht für initial, also den Beginn der Bodenbildung. Die Horizontierung dess Lockersyrosems ist Ai/ ICn. Mit fortschreitender Humusakkumulation und chemischer Verwitterung entwickelt sich das Lockersyrosem zu einem Regosol (Ah/ICv/ICn).

Regosole entwickeln sich wiederum zu Braunerden, die sich unter dem Einfluss von Wasser zu Parabraunerden entwickeln.

Abb. 3: Catena der Niederen Geest

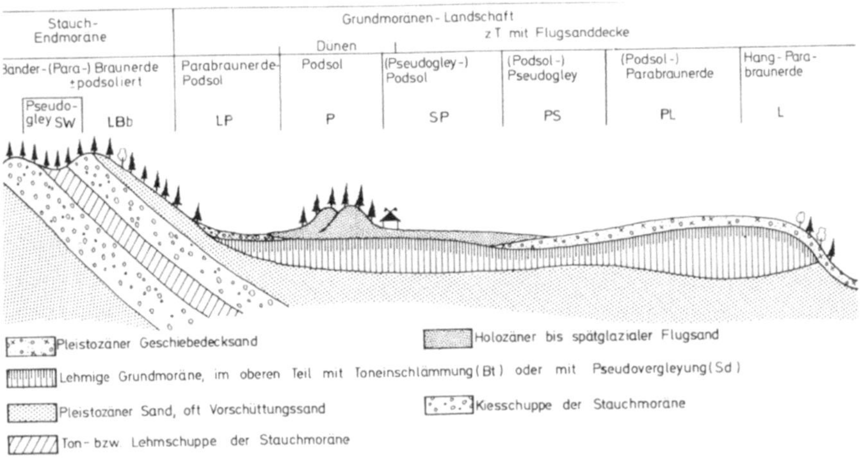

Quelle: KUNTZE, ROESCHMANN UND SCHWERDTFEGER 1994, S. 312

Abb. 4: Catena der Höheren Geest

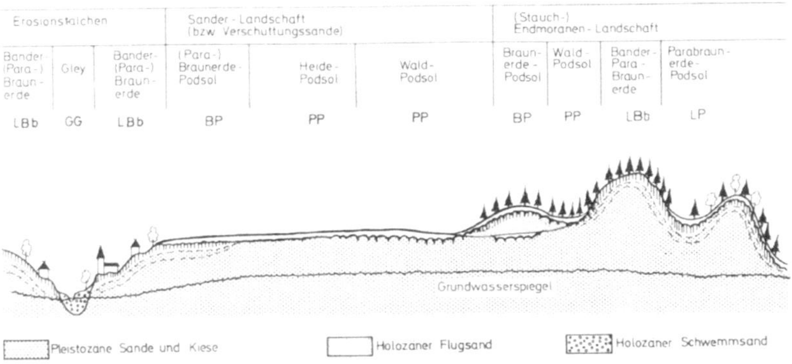

Quelle: ebd. S.313

3.3 Lessives

Auf der Hohen Geest entwickeln sich Böden häufig aus Geschiebelehm.

In den Warmzeiten kam es bereits zu intensiven Bodenbildungen. In den Kaltzeiten hingegen fanden kryogene Prozesse statt, die mit Erosion und Akkumulation einhergingen. Die warmzeitlichen Böden wurden umgelagert: die Tonverarmungshorizonte mischten sich mit den Parabraunerden. Darüber wurde Flugsand äolisch abgelagert. In Hanglagen wurden die Tonverarmungshorizonte oft durch Solifluktion verlagert. Daher finden sich heute häufig reliktische Bt-Horizonte unter periglazialen Deckschichten, die auch als Geschiebedecksand bezeichnet werden. Durch die Bodenbildung im Holozän wurden diese reliktischen Bodenmerkmale häufig überprägt.

„Entkalkung und Tonschlämmung sind in den Geestlandschaften aus Geschiebelehm die wichtigsten bodenbildenden Prozesse." (geographie.uni-stuttgart.de).

Aus einer Pararendzina entwickelt sich Braunerde, die nach Entkalkung zur Parabraunerde wird. Ist das Relief flachmuldig bis eben, entstehen in feuchteren Regionen pseudovergleyte Parabraunerden und Pseudogleye auf dem relativ dichten Geschiebemergel im Untergrund. Unter Nadelwald versauern die Profile und es bilden sich Fahlerden. (vgl. geographie.uni-stuttgart.de).

3.3.1 Bänderparabraunerde

Die Voraussetzung für die Tonverlagerung ist die Entkalkung. Durch leicht saures Regenwasser und Kohlensäure, die durch Mikroorganismen gebildet wurde, wird der Boden versauert. Die Tonteilchen sind nicht mehr mit Kalk koaguliert, sondern isoliert. Mit Sickerwasser werden sie nach unten transportiert. Die Tonteilchen lagern sich in den Poren als Toncutanen an. Untere Bodenschichten weisen noch immer einen höheren pH-Wert auf, der sich im Karbonatpufferbereich befindet.

Parabraunerden kommen auf der Geest häufig als Subtyp Bänderparabraunerde vor. Bei der Tonverlagerung werden aufgrund der großen Hohlräume im Sand neben Feinton auch Grobton und Feinschluff verlagert. Die Lessivierung geschieht in Bändern, da die Teilchen im Sickerwasser eine unterschiedliche Fließgeschwindigkeit haben. Enge Poren und Luft in Hohlräumen bremsen die Tonteilchen. (vgl. geographie.uni-stuttgart.de, 2016).

Die Horizontfolge lautet: Ah/Al/Bv+Bbt/(Bv/)(ilCv+Bbt/)/C. Zwischen den tonreichen Bändern befinden sich tonärmere verbraunte Bereiche. (vgl. spektrum.de, 2001).

3.3.2 Fahlerde

Fahlerde gehört wie die Parabraunerde zu den Lessives. Sie unterscheidet sich durch einen niedrigeren pH-Wert. In der WRB wird sie als Albeluvisol bezeichnet. Dieser Bodentyp kommt in Deutschland hauptsächlich in Mecklenburg Vorpommern vor. Dort befinden sich Platten aus ehemaliger Grunmoräne. Außerdem gibt es Fahlerden auf Endmoränen. (vgl. bgr.bund.de,2016).

3.4 Podsol

Die niedere Geest oder Sandergeest ist grundwassernah. Ein Leitbodentyp ist der Podsol. „Auf den Dünen und Flugsanddecken des norddeutschen Tieflandes (z.B. Emsland, Oldenburger Geest, Lüneburger Heide) finden sich unter Besenheide und Nadelwäldern Eisenhumuspodsole, an Standorten mit Grundwasser bilden sich unter Glockenheide Humuspodsole." (bodenwelten.de, o.J.).

Dies sind saure Böden mit hohem Humusanteil im Oberboden. Aufgrund des niedrigen pH-Wertes ist der Streuabbau gehemmt. Bodenlebewesen sind kaum vorhanden. Aus der Humusauflage im Oberboden bilden sich Fulvosäure. Diese Huminsäure ist aggressiv, sie zerstört die Materialmatrix.

Eisen und Mangan wird mobil und mit Sickerwasser in den Unterboden gebracht. Dieser Prozess wird als Gelatisierung bezeichnet. Im Unterboden werden die Poren enger, der pH-Wert steigt; durch die veränderten Bedingungen polymerisieren Huminstoffe und werden schwarz. (Bh-Horizont) Eisen und Mangan wird als Sesquioxide tiefer verlagert und ausgefällt. (Bsh- Horizont). Im Oberboden bleiben lediglich weiße Quarzkörner als Eluvial Horizont.

Die Horizontabfolge lautet O/Ah/Ae/Bh/Bs/ICv. Bei starker Podsolierung verkitten die Sesquioxide zu Ortsstein. (vgl. geographie.uni-stuttgart.de, 2016).

Podsols können durch die Weiterentwicklung von Braunerden entstehen. Voraussetzungen sind ein durchlässiges Substrat wie Sand und Sickerwasser. Die Vegetation dieser Böden besteht aus Nadelwald oder Heide, Pflanzen, die harte schwer zersetzbare Streu produzieren.

Der Boden hat ein geringes Ertragspotenzial und wird als Weide genutzt.

Abb. 3: Horizontierung eines Podsols

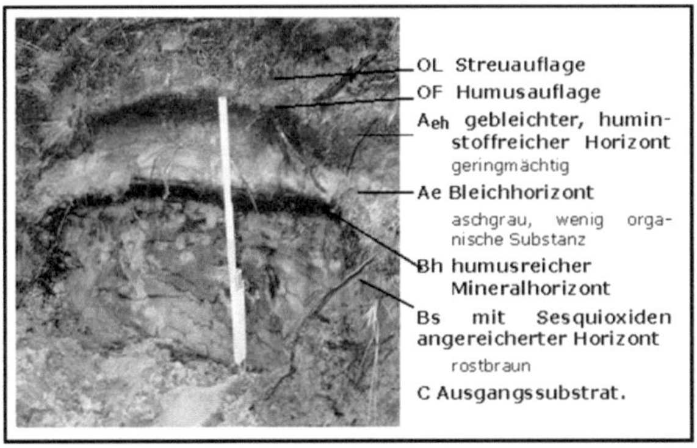

(geo.fu-berlin.de)

3.5 Gley

Gleye, Pseudogleye und Anmoorgleye sind weitere Bodentypen der niederen Geest.

Gleye sind grundwassergespeiste Böden mit der Horizontabfolge Ah-Go-Gr. Sie gehören in die Abteilung der semiterrestrischen Böden. Durch die Vernässung herrscht Sauerstoffmangel. Eine extrovertierte Vergleyung findet statt. Der bleiche Reduktionshorizont entsteht im Unterboden(Gr),der ständig nass ist. Im teilweise vernässten Bereich entsteht ein Oxidationshorizont (Go). Dieser ist rostrot gefleckt. (vgl. geographie.uni-stuttgart.de, 2016).

Gleye sind fruchtbare Böden, da mit dem Grundwasser Nährstoffe nach oben gespült werden.

3.6 Pseudogleye

Pseudogleye sind hingegen Stauwasserböden aus der Abteilung der terrestrischen Böden.Sie können sich in Senken aus Parabraunerde entwickeln. Durch die Lessivierung werden Poren mit Toncutanen verstopft. Niederschlagswasser kann nicht mehr versickern, es staut sich im Untergrund (introvertierte Vergleyung). Es bilden sich Rostflecken durch Stauwsser. Die Horizontabfolge ist Ah/Sw/Sd. Pseudogleye sind im Gegensatz zu Gleyen nicht besonders fruchtbar. Nährstoffe werden mit dem Niederschlagswasser nach unten befördert und sind nicht pflanzenverfügbar.

Gleye können sich zu Anmoorgleyen (Aa-Gr) entwickeln, wenn sich Humus ansammelt. Durch die Vernässung ist der Humusabbau gehemmt. (vgl. ebd). Anmorgleye stehen in ihrer Entwicklung zwischen Gley und Moor.

3.7 Moore

Moore sind subhydrische Böden, die mindestens 30% Humus mit mindestens 30cm Mächtigkeit aufweisen müssen. Die Bezeichnung der FAO ist Histosol. Moore unterteilen sich in Hochmoore und Niedermoore. Das Niedermoor hat den diagnostischen Horizont nHp und ist grundwassergespeist. Das Hochmoor(hH) speist sich aus Niederschlägen. In der Geest kommen hauptsächlich Niedermoore vor.

4. Anthropogen geprägte Böden

4.1 Historische Moorkultivierung

Ein natürliches Moor besteht in der obersten Lage aus Weißtorf. Darunter ist eine Schicht Schwarztorf, dann Pechsand und Ortsstein. Das Ausgangssubstrat ist Sand.

Im 16. Jahrhundert wurden Moore in Deutschland erstmals besiedelt.
Hochmoore wurden entwässert und die oberste Schicht in Brand gesteckt. Die Asche wurde als Ackerboden genutzt. Der Boden war schnell erschöpft. (vgl. dbges, 2016)

Die Moorbrandkultur wurde durch die Fehnkultur abgelöst. Die Entwässerung der Moore fand durch Kanäle statt. Sand und Weißtorf mischten die Siedler und kombinierten somit die günstigen Eigenschaften beider Substrate: Der Sand, der gut durchwurzelbar ist und der nährstoffreiche Weißtorf. Durch Torfstechen gewonnener Schwarztorf wurde verkauft.

4.2 Tiefumbruch und Sandmischkultur

Im 20. Jahrhundert kam der Tiefflug zum Einsatz. Der als „Moorschwalbe" bekannte Pflug wird von mehreren Raupenfahrzeugen gezogen. Zur Kultivierung wurde Pechsand Ortsstein und Schwarztorf vermischt. Den Sand brachte die Maschine aus 2 Metern Tiefe an die Oberfläche und die Sodenköpfe wurden nach unten gekehrt. (vgl. dbges.de,2016). Durch Schrägschichtung der Erdschollen wurde der umgepflügte Boden vor Erosion geschützt.

Das Resultat ist ein Ackerboden mit der Horizontfolge Ap/R/rG.

Heute (2016) wird praktisch kein neuer Moorboden mehr kultiviert. Die letzten natürlichen Moore stehen häufig unter Naturschutz oder werden renaturiert. Viele Pflanzen- und Tierarten stehen auf der Roten Liste der gefährdeten Arten

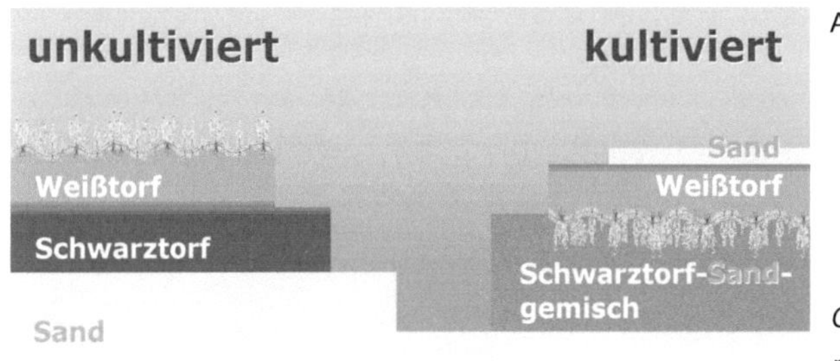

Abb. 6: Fehnkultur

Quelle: expedition-moor.de

4.3 Plaggenesch

Der Plaggenesch ist ein anthropogen erzeugter Bodentyp der ausschließlich in der Geest; besonders in Niedersachsen vorkommt. Auf ehemaligen Sanderflächen und Geschiebedecksanden wurde im Mittelalter jahrhundertelang Ackerbau betrieben. Um den nährstoffarmen Sand fruchtbar zu machen, nutzten die Bauern die Plaggenwirtschaft. Die natürliche Vegetation, das Gras entfernten sie mit der Wurzel. Diese Soden nutzten sie als Einstreu für das Vieh. Die Streu mit den Exkrementen brachten sie dann auf die Felder auf. Diese Plaggen sind durch die Exkremente angereichert mit Stickstoff, einem Pflanzendünger.

Die geplaggten Felder werden als Eschboden bezeichnet. Durch die jahrhundertelange Akkumulation der Plaggen ist ein mächtiger Humushorizont entstanden, der E- Horizont.

Die Horizontierung des Plaggenesch lautet: Ap/E/Bhs/Cv. Der ursprüngliche Boden war häufig ein Podsol. Diese Horizonte (Bhs) sind im Unterboden reliktisch vorhanden. Diese Ortserde oder auch Ortssteine werden herausgepflügt und liegen am Feldrand.

Ein Eschboden weist ein mittleres Ertragspotenzial auf, das sich im Laufe der Zeit gesteigert hat. Die Luftkapazität und nutzbare Feldkapazität sind durch die Plaggen gesteigert worden.

In unmittelbarer Nachbarschaft zu den Plaggenesch-Feldern ist der Boden sehr ausgelaugt, da dort die Grassoden (Mahd) entnommen wurden.

Heute wird der Plaggenesch aufgrund seiner Fruchtbarkeit als Ackerboden geschätzt. Die Plaggenwirtschaft wird aber seit fast 100 Jahren nicht mehr praktiziert.

4.4 Heide

Die heutigen Heiden in Deutschland sind meist anthropogen entstanden. Ursprünglich wuchs dort Wald. Dieser wurde gerodet und die Flächen bewirtschaftet. „Die Heide ist eine lichte Baum- bis Zwergstrauchformation" (geographie.uni-stuttgart.de). Die Böden sind nährstoffarm und sauer. Die Lüneburger Heide ist eine geschützte Kulturlandschaft, die viele Touristen anzieht. Wenn man Heiden sich selbst überlässt, entwickeln sie sich wieder zu Wald. Deshalb versucht man den Baumbestand zu minimieren, indem man Heidschnucken grasen lässt, die die Baumtriebe fressen.

5. Fazit

Die Geest ist eine Landschaft, die weite Teile Deutschlands einnimmt.

Sie wurde in der Saale-Eiszeit und der folgenden Warmzeit geprägt. Die Bodenentwicklung ist weit fortgeschritten: Braunerden und Parabraunerden haben sich zu Podsolen und Staunässeböden entwickelt. Dies wirkt sich negativ auf den Ertrag aus. Daneben gibt es Niedermoore und Anmoorgleye.

Die Menschen, die dort vor der Industrialisierung lebten, waren arm. Um den Boden halbwegs ertragreich zu machen, entwickelten sie Methoden wie die Plaggenwirtschaft. Nach dem Mittelalter wurden erstmals Moore kultiviert. Anfangs durch Entwässerung und Verbrennung, später durch Tiefumbruch.

Literaturverzeichnis

KUNTZE, H., RÖSCHMANN, G., SCHWERDTFEGER, G. (1994): Bodenkunde : 188 Tabellen, Stuttgart.

BODENWELTEN (o.J) Podsol- Boden des Jahres 2007. URL: http://www.bodenwelten.de/content/podsol-boden-des-jahres-2007 [12.04.16]

DBGS (2012) Moorkultivierung- ein historischer Rückblick.URL: https://www.dbges.de/wb/media/kommission5/Tagung-Kultosole-08.12-Praesentation_Schaefer.pdf [12.04.16]

DIERCKE (o.J.)Das Norddeutsche Tiefland-eiszeitlich geprägt. URL: http://www.diercke.de/content/das-norddeutsche-tiefland-eiszeitlich-gepr%C3%A4gt-978-3-14-100770-1-55-2-0 [30.03.16]

EXPEDITION MOOR (o.J.) Vom Moor zum Nutzland. URL: http://www.expedition-moor.de/fuer_alle/index.php?hauptnavigation_id=27&menue_id_gewaehlt=15&lernstufe_tmp=4&lernstufe=0&datei=inhalt&seite_id=81&seite_nummer=68 [12.04.16]

GEO.FU-BERLIN (1999) Bodengeographie. URL:http://www.geo.fu-berlin.de/v/pg-net/bodengeographie/medien_bodengeographie/medien_bg_bodentypen/podsol.gif?width=9 30 [12.04.16]

GRIESEI, H. (2013): Die Geest als Landschaftstyp. URL: http://suite101.de/article/die-geest-als-landschaftstyp-a94984#.VwLAw6SLTIW [30.03.16]

IMEYER,G. (1965) Die niedersächsische Geest zwischen Hunte und Weser, Band 79, Göttingen- Hannover

SPEKTRUM (2000) Bänderparabraunerde. URL: http://www.spektrum.de/lexikon/geographie/baenderparabraunerde/704 [12.04.16]

UNI STUTTGART (2001):Geest und Heide. URL: http://www.geographie.uni-stuttgart.de/exkursionsseiten/Nwd2001/Themen_pdf/Geest_und_Heide.pdf [30.03.16]

WALLHECKEN (o.J.) Die Geest- Ihre Entstehung. URL:http://www.wallhecken.de/fileadmin/materialien/Z_Hintergrundmaterial.pdf [30.03.16]

WIKIPEDIA (2016) Naturräumliche Großregionen Deutschlands. URL:http://images.google.de/imgres?imgurl=https%3A%2F%2Fupload.wikimedia.org%2Fwikipedia%2Fcommons%2F2%2F2e%2FNaturraeumliche_Grossregionen_Deutschlands_plus.png [12.04.16]